# BEI GRIN MACHT SICH IHR WISSEN BEZAHLT

- Wir veröffentlichen Ihre Hausarbeit,
  Bachelor- und Masterarbeit

- Ihr eigenes eBook und Buch -
  weltweit in allen wichtigen Shops

- Verdienen Sie an jedem Verkauf

## Jetzt bei www.GRIN.com hochladen und kostenlos publizieren

# Erstellung einer Kalibrierkurve eines Chlorbenzol/Ethylbenzol-Gemisches

Arne Von Berswordt

**Bibliografische Information der Deutschen Nationalbibliothek:**

Die Deutsche Nationalbibliothek verzeichnet diese Publikation in der Deutschen Nationalbibliografie; detaillierte bibliografische Daten sind im Internet über http://dnb.d-nb.de abrufbar.

ISBN: 9783346709042
Dieses Buch ist auch als E-Book erhältlich.

© GRIN Publishing GmbH
Nymphenburger Straße 86
80636 München

Alle Rechte vorbehalten

Druck und Bindung: Books on Demand GmbH, Norderstedt Germany
Gedruckt auf säurefreiem Papier aus verantwortungsvollen Quellen

Das vorliegende Werk wurde sorgfältig erarbeitet. Dennoch übernehmen Autoren und Verlag für die Richtigkeit von Angaben, Hinweisen, Links und Ratschlägen sowie eventuelle Druckfehler keine Haftung.

Das Buch bei GRIN: https://www.grin.com/document/1268228

**Technische Hochschule**
Studiengang Verfahrenstechnik

Wintersemester 2018

# Studienarbeit

Erstellung einer Kalibrierkurve

# Inhaltsverzeichnis

# I.  Abbildungsverzeichnis

# II.  Tabellenverzeichnis

# III. Abkürzungsverzeichnis

# IV. Formelverzeichnis

# 1 Einleitung und Aufgabenstellung

In der folgenden Studienarbeit geht es um die Erstellung einer Kalibrierkurve eines Chlorbenzol/Ethylbenzol-Gemisches. Hierzu werden von den Analyten Standard-gemische (externe Standards) unterschiedlicher Konzentrationen angesetzt. Diese werden anschließend vermessen und dienen zur Aufstellung der Kalibrierfunktion. Es folgt eine Auswertung der Messwerte einer refraktometrischen und chromatographischen Analytik hinsichtlich der Abweichung bzw. Genauigkeit.

# 2 Theoretischer Hintergrund

Die Kalibrierfunktion wird aus den Ergebnissen der Messungen von mehreren Standards bekannter Konzentration erhalten. Die Standards müssen den zu erwartenden Konzentrationsbereich abdecken um eine repräsentative Aussage liefern zu können. Über den gemessenen Konzentrationsbereich wird eine lineare Kalibrierfunktion gelegt. Die dabei entstehende Steigung der Kalibriergeraden gibt die Empfindlichkeit des Analyseprinzips wieder.

Bei der Verwendung des Refraktometers ist darauf zu achten operative sowie systematische Fehler weitgehend auszuschließen. Darunter fallen unter anderem die Durchführung einer sorgfältigen Kalibrierung mit z.B. vollentsalztem Wasser dabei beträgt der Brechungsindex 1,3333, eine angemessene Probemengenaufgabe auf das Prisma sodass dieses nicht überläuft, eine schnelle Messwertbestimmung um Verdampfungsmengen gering zu halten und die Reinigung der Prismen nach jeder Probenanalyse. Es wird der Brechungsindex $nD_{20}$ zur Stoffmenge aufgetragen. Die Abkürzung $nD_{20}$ bezeichnet die Angabe der Brechzahl (n) unter der Verwendung von Licht mit der Wellenlänge der Natrium-D-Linie (589nm). Ein weiterer Fehlerfaktor ist die Ungenauigkeit entstehend durch das Ablesen der Brechzahl wobei, die letzte, die vierte Nachkommastelle geschätzt werden muss.

Auch bei den Messungen mittels Gaschromatographen gilt es möglichst fehlerfrei zu arbeiten. Faktoren die sich bei der GC Analytik negativ auf die Ergebnisse auswirken können unteranderem folgende sein: Undichtigkeiten der Gasversorgung, mangelnde Reinheit des verwendeten Gases (mind. 99,9995%), fehlende Waschflüssigkeiten, die Verwendung einer ungeeigneten Trennsäule (polar oder unpolar), unzureichende Sauberkeit am Probeneinlass, falsche Deklarierung der Probe auf dem Sequenzteller sowie auch eine falsch programmierte Methode.

## 2.1 Einleitung in die Refraktometrie

Zur Erstellung einer Eichkurve für den Brechungsindex verschiedener Konzentrationen des eingesetzten Chlorbenzol-/Ethylbenzolgemisches wird in diesem Versuch das Abbe-Refraktometer des Herstellers Zeiss eingesetzt.

Dem Messprinzip des ABBE-Refraktometers, in Abbildung 1 zu sehen, liegt die Messung des Grenzwinkels der Totalreflexion zugrunde.[1]

Die zu untersuchende Flüssigkeit wird in dünner Schicht zwischen die Hypotenusen zweier aufeinandergelegter Prismen von größerem Brechungsindex aufgetragen. Das Licht fällt direkt durch die Prismen in das Fernrohr. Beim Drehen des Prismas wird der Winkel verändert, unter dem das Lichtbündel auf die Grenzfläche der Prisma-Flüssigkeit auftritt bzw. unter dem es in dem zweiten Prisma weitergeleitet wird. Wenn der Grenzwinkel der totalen Reflexion überschritten wird, kann kein Licht mehr in die Flüssigkeit eintreten. Beim Drehen des Prismas erscheint daher im Okular eine Grenzlinie zwischen Hell und Dunkel auf die das Fadenkreuz eingestellt wird. Das untere Prisma hat für den eigentlichen Messvorgang keine Bedeutung aus diesem Grund wird es auch Beleuchtungsprisma genannt.

---

[1] Vgl. Paech (1956), S. 251 ff.

Das obere wird hingegen als Messprisma bezeichnet. Die Skala ist empirisch direkt in Werten des Brechungsindex geeicht. Messungen aller ABBE- Refraktometer werden mit weißem Licht durchgeführt. Das Licht wird infolge der wiederholten Brechung dispergiert, sodass zunächst keine scharfe, sondern eine verwaschene farbige Grenzlinie zu beobachten ist.

Dieser Effekt wird durch einen sogenannten Farbkompensator ausgeglichen. Dieser besteht aus zwei Amici-Prismen, die für Natriumlicht geradsichtig sind, das heißt Natriumlicht wird ohne Richtungsänderung durchgelassen, längerwelliges Licht wird in die eine Richtung umgeleitet, kurzwelliges in die andere. Die beiden Amici-Prismen werden nun so gegeneinander verdreht, dass alle Wellenlängen des Lichtes im Okular wieder zusammenfallen und sich weißes Licht bildet. Der Farbenkompensator wird mit Hilfe der Trommel gedreht bis die Grenzlinie scharf ist und die Farben verschwunden sind. Der abgelesene Brechungsindex $nD_{20}$ entspricht somit immer demjenigen für die Natrium D-Linie bei einer Temperatur von 20°C. [1]

Die Unsicherheit beträgt 1-2 Einheiten der 4. Dezimale des Brechungsindex. Dafür besitzt das Gerät den großen Vorteil, dass nur minimale Mengen der Substanz gebraucht werden. Der Messbereich liegt zwischen $nD20= 1,3$ und $1,7$. Durch die Unterbringung der Prismen im Gehäuse wodurch Temperiermedium laufen kann ist die Fehlerquelle der diskontinuierlichen Temperierung ausgeschlossen. Gleichzeitig wird durch diese Bauweise das Prisma vor Beschädigungen geschützt. Durch eine extra Öffnung ist die Möglichkeit gegeben einen direkten Lichteinfall auf das Messprisma sicherzustellen. Die Messskala besteht aus einem innen eingebauten Teilkreis aus Glas der durchleuchtet wird. Der Glaskristallkreis wird in das Sehfeld des gleichen Okulars projiziert, mit dem die Grenzlinie der Totalreflexion beobachtet wird. Diese Darstellung wird in Abbildung 2 veranschaulicht.

---

[11] Vgl. Paech (1956), S. 251 ff.

Abbildung 1: Abbe Refraktometer der Firma Zeiss

Abbildung 2: Teilung im Ablesemikroskop[1]

---

[1] Vgl. Paech (1956), S. 251 ff.

4

## 2.2 Einleitung in die Gaschromatographie

Die Gaschromatographie zeichnet sich als ein physikalisch-chemisches Trennverfahren dadurch aus, dass die Analyten vor dem Erreichen der Trennsäule vollständig verdampft werden. Dabei ist von einer mobilen Phase die Rede. Jene wird mithilfe eines Trägergases zum Beispiel Helium durch die Säule geführt. Mithilfe eines Reglers wird dieses Trägergas mit dem eingestellten Volumenstrom eingespeist. Nach der Trägergaseinspeisung erfolgt die Probeninjektion, indem diese im gasförmigen Zustand auf die Säule gegeben wird. Eine stationäre Phase, die entweder flüssig oder fest ist, befindet sich in der Säule. Zwischen dieser Phase und den einzelnen Komponenten kommt es zu Wechselwirkungen. Unterschieden werden Säulen anhand Ihrer Polarität, polar oder unpolar. Polare Säulen trennen die Stoffe nach Polarität und unpolare Säulen trennen Gemische nach Siedepunkt.

Die Signalerfassung erfolgt mittels Detektor nach dem Durchlaufen der Säule. Häufig verwendete Detektorarten sind hierbei beispielsweise der Flammenionisationsdetektor und der Wärmeleitfähigkeitsdetektor. Mithilfe eines Verstärkers wird das Signal an eine Computersoftware übermittelt. In Abbildung 3 ist der Aufbau eines Gaschromatographen dargestellt. Da das Detektorsignal gegen die Zeit aufgetragen wird entsteht das sogenannte Chromatogramm. Dies beinhaltet qualitative sowie auch quantitative Informationen.

In der folgenden Abbildung 4 ist der Aufbau eines solchen Chromatogramms dargestellt. Für einen Stoff ist hier die Retentionszeit tR spezifisch. Darunter wird die Zeit verstanden, die der Stoff zum Durchströmen der Trennsäule benötigt.

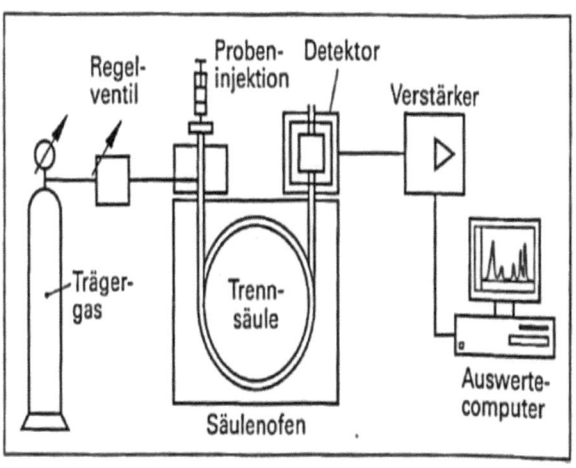

Abbildung 3: Aufbau eines Gaschromatographen[1]

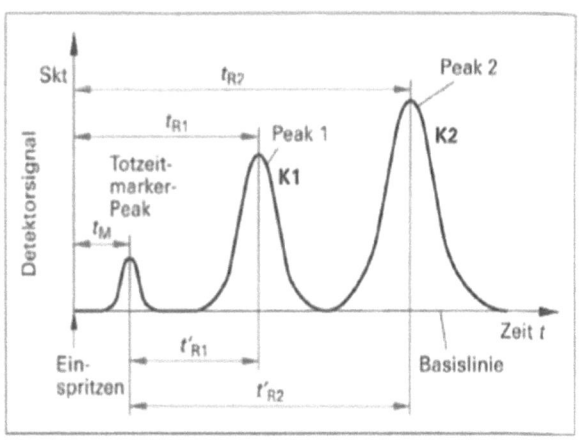

Abbildung 4: Kenngrößen eines Chromatogramms[1]

---

[1] Vgl. Ignatowitz u.a. (2010), S.289 ff.

6

Zur Auswertung der quantitativen Analyse wird der Flächenanteil der einzelnen Analyten verwendet. Die Peakfläche einer einzelnen Komponente bezogen auf die Gesamtpeakfläche spiegelt den Anteil der Komponente im Gemisch wieder. Durch unterschiedliche Empfindlichkeit des Detektors auf verschiedene Substanzen kommt es allerdings zu Abweichungen. Um die Flächenanteile hinsichtlich Abweichungen zu korrigieren kann ein Responsfaktor verwendet werden.[1]

Der Flammionisationsdetektor FID ist aufgrund seiner vielen positiven Eigenschaften der meist verbreitete Detektor in der Gaschromatographie. Zu den beachtlichen Eigenschaften zählen unter anderem seine Robustheit in Konstruktion und Betrieb, eine niedrige Nachweisgrenze und ein weiter linearer Bereich. Ebenfalls als Vorteil anzusehen ist die selbstreinigende Wirkung durch den Verbrennungsvorgang.[2]

Hierbei findet die Verbrennung organischer Substanzen in einer Knallgasflamme statt und diese werden somit ionisiert. Zur Ringelektrode wandern die Kationen, sodass ein Strom zwischen der Ringelektrode und der Brennerdüse, die als Anode dient, fließt. Einige Substanzen wie beispielsweise Wasser, Edelgase oder Kohlenstoffdioxid können nicht detektiert werden. Der FID ist mit einer Empfindlichkeit von 10pg deutlich empfindlicher als beispielsweise ein Wärmeleitfähigkeitsdetektor WLD mit 1000 pg.[3]

Der Aufbau des Flammenionisationsdetektors ist in der untenstehenden Abbildung 5 zu sehen.

---

[1] Vgl. Ignatowitz u.a. (2010), S.289 ff.
[2] Vgl. Kolb (2003), S.185 ff.
[3] Vgl. Kaltenböck (2008), S.98

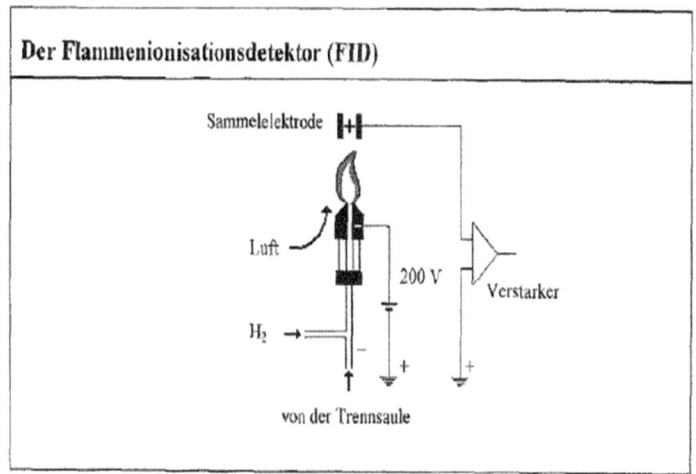

Abbildung 5: Aufbau eines FID[1]

---

[1] Vgl. Kolb (2003), S.185 ff.

## 2.2.1 Methode zur Ermittlung der Reaktionskomponenten

Um die Analysenergebnisse der folgenden Versuchsreihen zu erfassen wurde eine DB-WAX Säule gewählt. Die genauen Spezifikationen der Trennsäule sind der Abbildung 6 zu entnehmen. Durch Ihr Polyethylenglykol weist sie eine hohe Polarität auf. Als Detektor wird ein FID verwendet, welcher einerseits kostengünstiger als ein WLD ist und dazu eine höhere Genauigkeit aufweist. Als Trägergas wird Wasserstoff verwendet.

Es werden 0,2 µl Probe eingespritzt mit einem Splitverhältnis von 1:100. Der Durchfluss des Trägergases Wasserstoff beträgt 40 ml/min mit einem Überdruck von 3 bar. Das Temperaturprogramm beginnt bei einer Starttemperatur von 100°C welche für zwei Minuten konstant gehalten wird. Anschließend wird diese mit einer Aufheizrate von 8°C/min auf 200°C erhöht. Diese Temperatur wird für fünf Minuten konstant gehalten. Die Messung ist nach einer Gesamtlaufzeit von 19,5 min beendet. Der Detektor arbeitet mit einer Temperatur von 250 °C und einem Stoffstrom von 40 ml/min Wasserstoff, 450 ml/min synthetischer Luft und 30,4 ml/min Stickstoff. Die Empfindlichkeit der Integration wurde mit Slope Sensitivity von 70 und einer Mindestpeakbreite von 0,02 min festgelegt. Die Zuordnung der Peaks ist durch die Analyse der Reinstoffe erfolgt. Eine Berücksichtigung der Responsefaktoren erfolgt nicht. Das Gerät wurde vor der Analyse der Proben kalibriert.

DB-WAX-Säule

Hersteller: Agilent J&W

Modell: 122-7032 E

Länge: 30m

Durchmesser: 250µm

Filmdicke: 0,25µm

Abbildung 6: Herstellerangaben der DB-WAX-Säule

# 3 Versuchsdurchführung

## 3.1 Bestimmung der Kalibrierkurve durch Refraktometrie

Zunächst wurden folgende Konzentrationen des Stoffgemisches Chlorbenzol/ Ethylbenzol angesetzt: 100/0, 90/10, 80/20, 70/30, 60/40, 50/50, 40/60, 30/70, 20/80, 10/90. In der nachfolgenden Tabelle 1 ist die refraktometrische Bestimmung zu sehen, aus der die Kalibrierkurve entwickelt wurde. Dazu wurde die Brechzahl $nD_{20}$ gegen die, vorher bereits berechnete, Stoffmenge des Leichtsieders Chlorbenzol aufgetragen. Anschließend wird aus den in Tabelle 1 ermittelten Daten die Kalibrierkurve in Tabelle 2 dargestellt. Die Gleichung zur Berechnung des Stoffmengenanteils $X_{Chlorbenzol}$ lautet:

$$X\,(Cb) = \frac{\frac{m\,(Cb)}{M\,(Cb)}}{\frac{m\,(Cb)}{M\,(Cb)} + \frac{m\,(Eb)}{M(Eb)}} \qquad \text{(GL.3.1.1)}$$

| Proben-Nr. | Gemisch Konz. | Einwaage [g] | | Brech-zahl [nD20] | Stoffmengenanteil x [mol] | |
|---|---|---|---|---|---|---|
| | | Chlor-benzol | Ethyl-benzol | | Chlor-benzol | Ethyl-benzol |
| 72468 | 100/0 | 10,0000 | 0,0000 | 1,5228 | 1,0000 | 0,0000 |
| 72471 | 90/10 | 9,0067 | 1,0030 | 1,5190 | 0,8944 | 0,1056 |
| 72472 | 80/20 | 7,9952 | 2,0013 | 1,5159 | 0,7903 | 0,2097 |
| 72473 | 70/30 | 6,9951 | 2,9953 | 1,5130 | 0,6878 | 0,3122 |
| 72474 | 60/40 | 5,9950 | 4,0030 | 1,5098 | 0,5855 | 0,4145 |
| 72475 | 50/50 | 5,0033 | 4,9960 | 1,5071 | 0,4858 | 0,5142 |
| 72476 | 40/60 | 4,0000 | 6,0078 | 1,5046 | 0,3858 | 0,6142 |
| 72477 | 30/70 | 3,0020 | 7,0060 | 1,5020 | 0,2878 | 0,7122 |
| 72478 | 20/80 | 2,0044 | 8,0065 | 1,4992 | 0,1910 | 0,8090 |
| 72479 | 10/90 | 1,0020 | 8,9970 | 1,4969 | 0,0951 | 0,9049 |
| 72469 | 0/100 | 0,0000 | 10,0000 | 1,4941 | 0,0000 | 1,0000 |

Tabelle 1: Daten der refraktometrischen Bestimmung

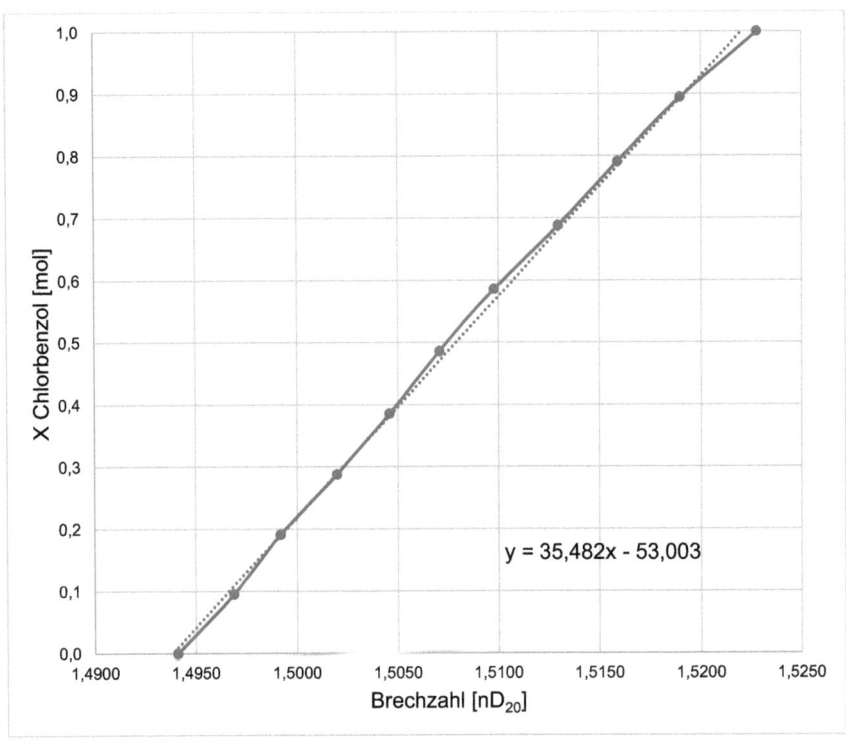

The graph shows an x-y plot with "X Chlorbenzol [mol]" on the y-axis (ranging from 0,0 to 1,0) and "Brechzahl [nD$_{20}$]" on the x-axis (ranging from 1,4900 to 1,5250).

$$y = 35{,}482x - 53{,}003$$

Tabelle 2: Kalibrierkurve (refraktometrisch)

## 3.2 Bestimmung der Kalibrierkurve durch Gaschromatographie

Als Referenzprobe zur refraktometrisch bestimmten Kalibrierkurve wird eine weitere mittels GC angefertigt. Diese wird auch als externe Kalibrierkurve bezeichnet. Tabelle 3 gibt einen Überblick der berechneten Werte welche zum Anfertigen einer Kalibrierkurve notwendig sind. Die daraus erstellte Kalibrierkurve ist in Tabelle 4 enthalten.

| Proben-Nr. | Gemisch Konz. | Einwaage [g] | | GC Fläche [pA * s] | Stoffmengenanteil $x$ [mol] | |
|---|---|---|---|---|---|---|
| | | Chlor-benzol | Ethyl-benzol | | Chlor-benzol | Ethyl-benzol |
| 72468 | 100/0 | 10,0000 | 0,0000 | 47180,5 | 1,00 | 0,00 |
| 72471 | 90/10 | 9,0067 | 1,0030 | 41804,00 | 0,89 | 0,11 |
| 72472 | 80/20 | 7,9952 | 2,0013 | 35302,80 | 0,79 | 0,21 |
| 72473 | 70/30 | 6,9951 | 2,9953 | 29914,20 | 0,69 | 0,31 |
| 72474 | 60/40 | 5,9950 | 4,0030 | 24836,80 | 0,59 | 0,41 |
| 72475 | 50/50 | 5,0033 | 4,9960 | 20537,00 | 0,49 | 0,51 |
| 72476 | 40/60 | 4,0000 | 6,0078 | 15442,50 | 0,39 | 0,61 |
| 72477 | 30/70 | 3,0020 | 7,0060 | 11460,50 | 0,29 | 0,71 |
| 72478 | 20/80 | 2,0044 | 8,0065 | 7555,09 | 0,19 | 0,81 |
| 72479 | 10/90 | 1,0020 | 8,9970 | 4079,93 | 0,10 | 0,90 |

Tabelle 3: Daten der chromatographischen Bestimmung

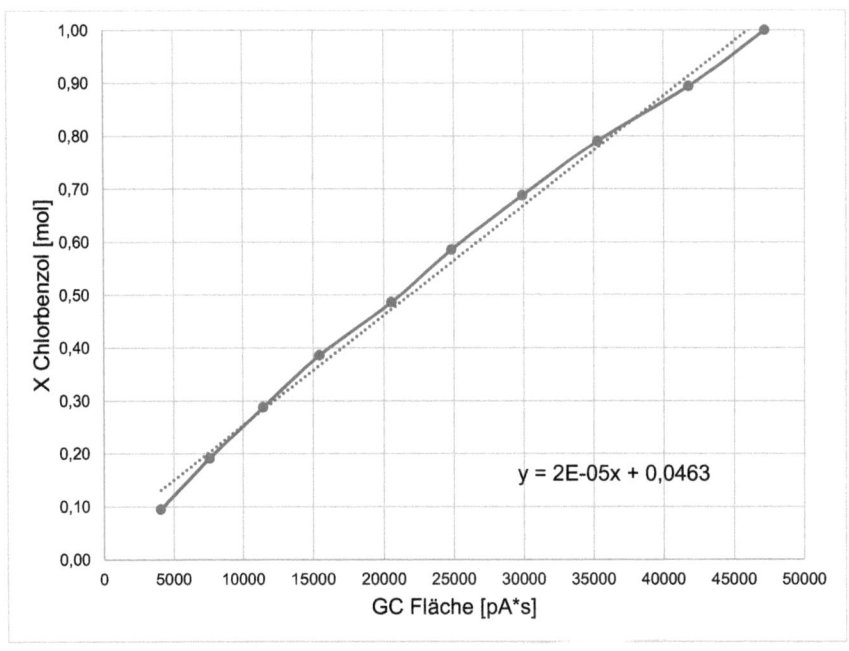

$$y = 2E\text{-}05x + 0{,}0463$$

Tabelle 4: Kalibrierkurve (chromatographisch)

## 4 Zusammenfassung und Ausblick

Aus den jeweiligen Kalibrierkurven ergibt sich je eine Formel zur Berechnung des Stoffmengenanteils des Leichtsieders Chlorbenzol. Für das x wird in beiden Fällen der auf der Ordinate befindliche Wert eingesetzt. Somit lässt sich die jeweilige Stoffmenge nach beiden Verfahren berechnen und vergleichen.

Für die refraktometrische Bestimmung gilt:

$$y = 35{,}482\,x - 53{,}003 \qquad \text{(GL.4.1)}$$

Für die chromatographische Bestimmung gilt:

$$y = 2E - 05\,x + 0{,}0463 \qquad \text{(GL.4.2)}$$

| Konzentration Chlorbenzol [m-%] | 90 | 80 | 70 | 60 | 50 | 40 | 30 | 20 | 10 |
|---|---|---|---|---|---|---|---|---|---|
| Brechzahl | 1,519 | 1,516 | 1,513 | 1,510 | 1,507 | 1,505 | 1,502 | 1,499 | 1,497 |
| GC Fläche | 41804 | 35303 | 29914 | 24837 | 20537 | 15443 | 11461 | 7555 | 4080 |
| REF (Xcb) | 0,894 | 0,784 | 0,681 | 0,568 | 0,472 | 0,383 | 0,291 | 0,192 | 0,110 |
| GC (Xcb) | 0,882 | 0,752 | 0,645 | 0,543 | 0,457 | 0,355 | 0,276 | 0,197 | 0,128 |
| Abweichung | 0,012 | 0,032 | 0,037 | 0,025 | 0,015 | 0,028 | 0,015 | 0,006 | 0,018 |

Tabelle 5: Ermittlung der Messdifferenz

In der vorhergehenden Tabelle 5 werden die Ergebnisse der beiden Messmethoden im direkten Vergleich hinsichtlich der Abweichungen überprüft. Die zwei größten Abweichungen sind rot markiert. Die unterschiedlichen Ergebnisse sind auf die mit den verwendeten Messmethoden einhergehenden Fehlerquellen zurückzuführen.

Mögliche Fehlerquellen während der Verwendung des Refraktometers:

- Aufwendige Temperaturregelung (externer Thermostat erforderlich)
- Bedienerabhängige Werte, daher begrenzte Genauigkeit
- Fehlerhafte Platzierung der Lichtquelle

Einige Vorteile des Refraktometers:

- Relativ kostengünstiges Instrument
- Zügige Ermittlung der Ergebnisse
- Geringer Wartungsaufwand

Mögliche Fehlerquellen während der Verwendung des Gaschromatographen:

- Undichtigkeiten der Gasversorgungsleitung
- Unreinheit der verwendeten Gase
- Verschmutzung des Probeneinlasses
- Verwendung der falschen Trennsäule

Einige Vorteile des Gaschromatographen:

- Nur sehr geringe Probenmenge notwendig
- Vielseitige Einsatzgebiete durch verschiedene Detektoren
- Verwendung von langen Trennsäulen aufgrund des geringen Strömungswiderstands möglich

Als abschließendes Urteil bleibt zu sagen, dass beide Messmethoden durchaus Ihre Daseinsberechtigung haben. Die Analytikmethode ist auf Basis des jeweiligen Verwendungszwecks auszuwählen um repräsentative Ergebnisse erzielen zu können. Für schnelle Analytik bei der geringe Abweichungen die Anforderungen nicht negativ beeinflussen kann das Refraktometer verwendet werden. Ist eine hohe Genauigkeit gefordert so sollte der Gaschromatograph gewählt werden.

# Literaturverzeichnis

Ignatowitz, E., u.a.    (2010), Technische Mathematik und Datenauswertung für Laborberufe, 6.Auflage, Europa Lehrmittel, 2010

Kaltenböck, K    (2008), Chromatographie für Einsteiger, 2. Auflage, Weinheim: Wiley-VCH, 2008

Kolb, B.    (2003), Gaschromatographie in Bildern, 2.Auflage, Weinheim: Wiley-VCH, 2003

Paech, M. K    (1956), Moderne Methoden der Pflanzenanalyse, 1 Auflage, Berlin: Springer-Verlag, 1956

# BEI GRIN MACHT SICH IHR WISSEN BEZAHLT

- Wir veröffentlichen Ihre Hausarbeit,
  Bachelor- und Masterarbeit

- Ihr eigenes eBook und Buch -
  weltweit in allen wichtigen Shops

- Verdienen Sie an jedem Verkauf

## Jetzt bei www.GRIN.com hochladen und kostenlos publizieren